Muhammad Farjad
Muhammad Abdullah
Aqsa Shehzadi

Braço protético ativo controlado por EMG e voz

Muhammad Farjad
Muhammad Abdullah
Aqsa Shehzadi

Braço protético ativo controlado por EMG e voz

ScienciaScripts

Cover image: www.ingimage.com

This book is a translation from the original published under ISBN 978-3-659-85022-6.

Publisher:
Sciencia Scripts
is a trademark of
Dodo Books Indian Ocean Ltd. and OmniScriptum S.R.L publishing group

120 High Road, East Finchley, London, N2 9ED, United Kingdom
Str. Armeneasca 28/1, office 1, Chisinau MD-2012, Republic of Moldova, Europe
Printed at: see last page
ISBN: 978-620-8-31991-5

ÍNDICE DE CONTEÚDOS

DEDICAÇÃO

Em nome de Deus, o Clemente, o Misericordioso

Dedicamos este projeto "Braço protético ativo controlado por EMG e voz" aos nossos pais e professores

AGRADECIMENTOS

Gostaríamos de aproveitar esta oportunidade para prestar a nossa humilde gratidão a Deus Todo-Poderoso, que nos abençoou com a sua bondade e misericórdia para concluir este projeto.

Gostaríamos de agradecer especialmente ao nosso orientador de projeto, Dr. Awais Kamboh, e ao co-orientador, Dr. Yasar Ayaz. O seu apoio e encorajamento contínuos conduziram-nos à conclusão deste projeto. Houve várias alturas em que nos sentimos totalmente perdidos, sem saber como continuar, mas se não fossem os nossos orientadores que nos guiaram, este projeto não poderia ter sido concluído.

Gostaríamos também de agradecer e apreciar os nossos pais. A sua ajuda, orações, críticas, conselhos e encorajamentos foram os meios que nos permitiram concluir o nosso projeto a tempo.

Gostaríamos também de agradecer especialmente ao Sr. Ali Ahsan, que compreendeu a importância e a urgência da prototipagem em 3D necessária para o nosso projeto e que se antecipou a todas as suas tarefas para entregar o modelo impresso em 3D atempadamente.

Agradecemos a admiração que recebemos dos nossos colegas estudantes, que nos apoiaram nos nossos dias claros e escuros. Também não esquecemos a administração da SEECS, que nos possibilitou trabalhar até altas horas nos seus laboratórios e disponibilizar os seus recursos sempre que necessário.

RESUMO

O projeto "Braço Prostético Ativo Controlado por EMG e Voz" refere-se ao desenvolvimento de um braço prostético único que é "ativo" por natureza. Este projeto pertence ao domínio dos sistemas incorporados e do processamento de sinais. Os ambientes de conceção incluem Prototipagem Rápida, Matlab, Arduino e o software ADS129x EVM.

O braço protético pode ser adaptado ao braço amputado do doente e este pode controlar o seu movimento de duas formas: gerando sinais EMG através da contração voluntária dos seus músculos esqueléticos e utilizando os seus comandos de voz. O braço é capaz de efetuar movimentos até 6 graus de liberdade. Qualquer movimento específico da mão está associado ao local de origem do sinal EMG. Os modos de controlo híbridos (EMG e voz) permitem que o movimento do braço seja controlado por qualquer um dos modos. No entanto, por precaução, o braço também pode ser controlado por um computador.

O braço protético é feito de material PLA. O movimento dos cinco dedos da mão é controlado por cinco motores, instalados no interior do braço. Os eléctrodos são colocados no corpo do paciente em músculos selecionados e os sinais EMG dos músculos são adquiridos através do kit de desenvolvimento ADS1298. O algoritmo de deteção e extração de caraterísticas é implementado no controlador Arduino, que diz aos motores para se moverem de acordo com o tipo de movimento a realizar.

INTRODUÇÃO

As próteses não são muito comuns em países como o Paquistão. O Paquistão importa algumas próteses passivas da Alemanha, etc., que custam demasiado caro para os cidadãos comuns do Paquistão. Um homem comum não tem meios para comprar membros protésicos em caso de necessidade. No entanto, se for comprada de alguma forma, a prótese continua a ser "passiva" por natureza - completa o sentido estético mas não é capaz de qualquer funcionalidade útil.

Tendo em conta tudo isto, este projeto intitulado "Braço protético ativo controlado por EMG e voz" oferece uma solução única para introduzir e desenvolver próteses no Paquistão. Não apenas as próteses comuns, mas as próteses "activas" - que são capazes de desempenhar algumas funções básicas também. Este projeto diz que, em vez de importar as próteses, estas podem ser concebidas e impressas em 3D no Paquistão (o que permite poupar quase metade dos custos!). Uma vez concebido e impresso, o braço pode ser testado quanto ao número de movimentos que tem de ser controlado e quantos tipos diferentes de movimentos são úteis para serem executados por ele.

Os 5 dedos da mão podem ser controlados individualmente ou coletivamente ou em grupos. A mão é capaz de efetuar movimentos até 6 graus de liberdade (5 para os dedos e 1 para o pulso). Existem três modos de controlo da mão. O primeiro é o controlo por computador, em que alguns gestos discretos da mão são controlados utilizando o teclado do computador. O segundo é o controlo baseado em EMG, em que o movimento contínuo da mão é controlado utilizando os sinais EMG do doente. Através do EMG, a mão pode ser controlada de forma contínua, em vez de ser controlada de forma discreta. O terceiro modo de controlo, alguns movimentos discretos da mão, pode ser controlado utilizando os comandos de voz do doente.

Assim, para justificar a palavra "ativa" no título do projeto, introduzimos três modos diferentes de controlo da mão protésica.

CAPÍTULO 1: SÍNTESE DA LITERATURA

1.1 INTRODUÇÃO À ELECTROMIOGRAFIA

Etimologia

O termo Eletromiografia (EMG) **vem de** Etienne Marey, **que modificou** o eletrómetro **capilar** de Lipmann **(1876)** como **uma** das **suas muitas contribuições** para a cinesiologia.

Definição

A eletromiografia é **um** método científico **de** aquisição e registo dos sinais eléctricos produzidos pelos músculos esqueléticos.

Tipos de EMG

Com base no método de **aquisição do sinal electromiográfico**, **a** EMG é geralmente classificada em dois tipos:

a) Eletromiografia de superfície → os eléctrodos são **colocados na pele**, acima dos músculos que produzem um sinal EMG significativo.

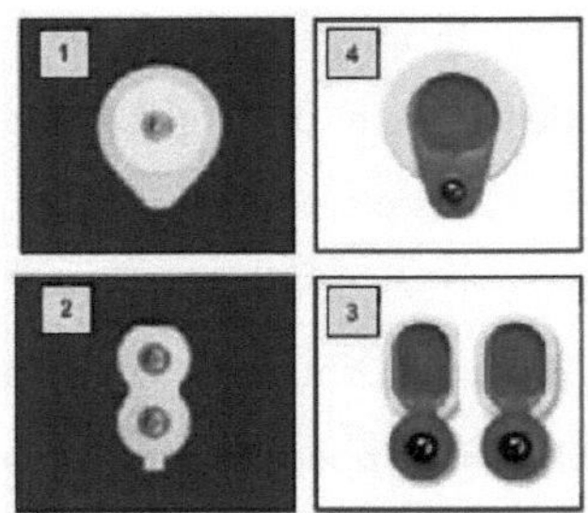

Figura 1: Eléctrodos utilizados para a eletromiografia de superfície

b) Eletromiografia de fio fino → **os eléctrodos são inseridos** nos **músculos** e nervos **profundos** através de uma incisão feita na pele.

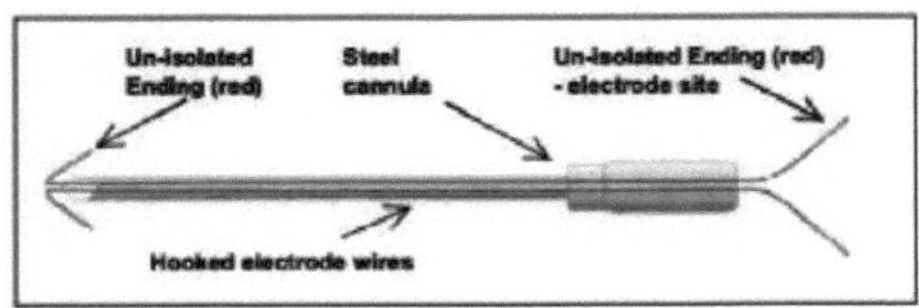

Figura 2: Elétrodo utilizado para a eletromiografia de fio fino

Utilizámos a eletromiografia **de superfície** (SEMG) ao longo deste **projeto**.

1.2 HISTÓRIA DA ELECTROMIOGRAFIA (EMG)

O tema do desenvolvimento do SEMG pode ser rastreado até meados de 1600, quando Francesco Redi documentou que um peixe altamente especializado era a fonte de energia dos peixes-raios eléctricos. Em 1773, Walsh conseguiu demonstrar claramente que o tecido muscular da enguia podia gerar uma faísca de eletricidade. Só na década de 1970 é que Galvani obteve provas diretas da relação entre a contração muscular e a eletricidade. Em 1972, Volta concordou inicialmente, mas mais tarde concluiu que o fenómeno observado por Galvani não provinha do músculo em si, mas era um artefacto dos metais diferentes que tocavam o tecido muscular. Na década de 1860, Duchene realizou o primeiro estudo sistemático da dinâmica e da função do músculo intacto, utilizando a simulação eléctrica para estudar a função muscular.

Após a invenção do galvanómetro no século XIX, Matteucci, em 1838, utilizou o galvanómetro para demonstrar o potencial elétrico entre o nervo de uma rã excitada e o seu músculo danificado. Em 1849, Du Bois Reymond forneceu a primeira prova de atividade eléctrica nos músculos humanos durante a contração voluntária, colocando um pano em cada um dos antebraços do sujeito e mergulhando-os em cubas separadas de solução salina, enquanto ligava os eléctrodos ao galvanómetro. Observou deflexões muito pequenas, mas consistentes e previsíveis, sempre que o sujeito flectia o antebraço.

Por volta de 1900, Pratt começou a demonstrar que a magnitude da energia associada à contração muscular se devia ao recrutamento de fibras musculares individuais e não ao tamanho do impulso neural. Na década de 1920, Gasser e Newcomer utilizaram o recém-inventado osciloscópio de raios catódicos para mostrar os sinais dos músculos, o que lhes valeu o Prémio Nobel em 1944. Durante a década de 1950, os investigadores começaram a utilizar mais amplamente o SEMG para o estudo da função muscular normal e anormal. No final dos anos 50 e início dos anos 60, George Whitmore utilizou a SEMG para estudar e tratar perturbações emocionais e funcionais. Também cunhou o termo *disponesia* no seu livro para descrever os maus padrões de energia muscular observados durante as experiências de SEMG.

Durante os anos 60, nasceu a técnica de bio-feedback e o trabalho de John Basmajian sobre o treino de unidades motoras individuais deu algum impulso à investigação sobre bio-feedback. Elmer Green utilizou pela primeira vez o SEMG com bio-feedback na Clínica Menninger. Alguns anos mais tarde, Budzynski e colegas começaram a utilizar o SEMG com bio-feedback para tratar cefaleias por contração muscular. No início da década de 1980, Cram e Steger introduziram um método clínico para analisar uma variedade de músculos utilizando um dispositivo portátil de deteção de SEMG. Na mesma época, Will Taylor introduziu o conceito de medição dos padrões de sinergia no trapézio superior e inferior durante a abdução.

1.3 ORIGEM DO SINAL EMG

A unidade funcional mais pequena para descrever o controlo neural do processo de contração muscular é denominada Unidade Motora. Esta é definida como "O corpo celular e os dendritos de um neurónio motor, os múltiplos ramos do seu axónio e as fibras musculares que o inervam".

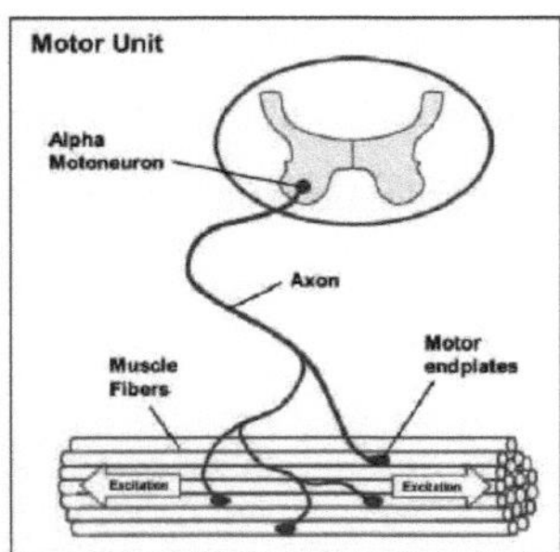

Figura 3: Uma unidade motora

Este fenómeno pode ser explicado por um modelo de membrana **semipermeável** que descreve as suas propriedades **eléctricas.** Um equilíbrio iónico **entre** os espaços interno e externo de uma célula muscular forma um potencial de repouso na membrana **da fibra** muscular (aproximadamente -80 a -90 **mV** quando **não contraída).** Esta diferença de potencial, que é mantida **por** processos fisiológicos (bomba **iónica)**, resulta **numa** carga intracelular negativa em comparação com a superfície externa.

Se um determinado limiar for ultrapassado no **influxo** de Na+, a **despolarização** da membrana provoca um potencial de ação que muda rapidamente de - 80 mV **para** + 30 mV. Trata-se de uma **explosão** eléctrica monopolar **que** é **imediatamente restaurada** pela fase de repolarização e **seguida de** um **período de hiperpolarização da** membrana. Partindo das **placas** terminais motoras, o potencial **de ação** propaga-se ao longo da fibra muscular em ambas as direcções e **no interior da** fibra **muscular** através de **um** sistema tubular. Esta excitação leva à **libertação** de iões de cálcio no espaço intracelular. Processos químicos interligados (acoplamento eletromecânico) produzem finalmente um encurtamento dos elementos contrácteis da célula muscular.

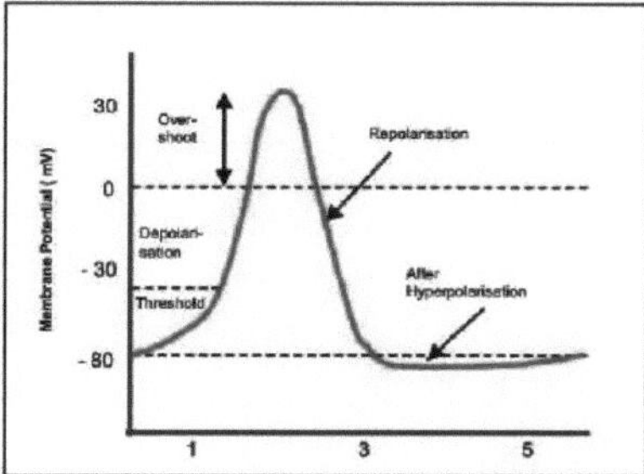

Figura 4: O potencial de ação da célula muscular

1.4 NATUREZA DO SINAL DE EMG

O sinal EMG em bruto

Um sinal EMG não filtrado e não processado é designado por sinal EMG em bruto. Na figura abaixo, foi feito um registo SEMG em bruto para três contracções estáticas do músculo *bíceps braquial*. Quando o músculo está relaxado, pode ser vista uma linha de base EMG mais ou menos livre de ruído. O ruído da linha de base EMG em bruto depende de muitos factores, especialmente da qualidade do amplificador EMG, do ruído ambiente e da qualidade das condições de deteção dadas.

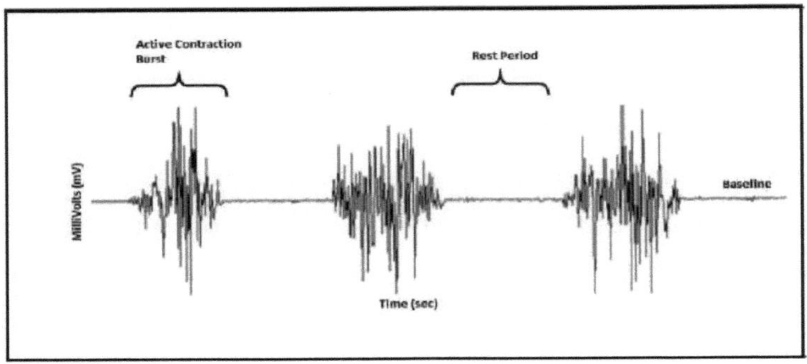

Figura 5: O sinal EMG em bruto

Técnicas comuns de processamento de sinais EMG

As técnicas comuns utilizadas para condicionar os sinais EMG brutos incluem a retificação de onda completa, a suavização, a filtragem digital e a normalização da amplitude.

A retificação de onda completa inclui a conversão de todas as amplitudes negativas em amplitudes positivas. O principal efeito da retificação de onda completa é que as técnicas estatísticas padrão, como a média, a mediana, o mínimo/máximo, etc., podem ser aplicadas à forma de onda.

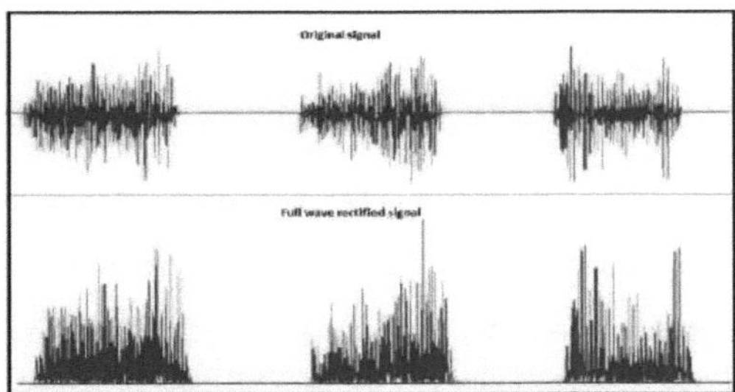

Figura 6: Retificação de onda completa

A suavização envolve o estabelecimento da tendência média do sinal EMG, uma vez que não é possível repetir exatamente o mesmo padrão nos ensaios seguintes. Os algoritmos de suavização digital definem a tendência média do desenvolvimento do sinal. Dois algoritmos populares incluem a média móvel (MAVG) e a raiz quadrada média (RMS).

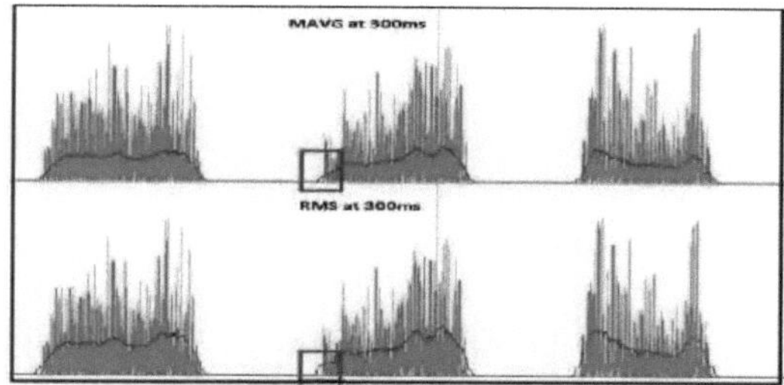

Figura 7: MAVG e RMS

Uma grande desvantagem de qualquer análise EMG é o facto de os dados de **amplitude** (escala **de** microvolt) serem fortemente influenciados por uma determinada condição de deteção. Podem **variar** fortemente entre os locais dos eléctrodos, os sujeitos e mesmo entre as medidas diárias do mesmo local do músculo. Uma solução para ultrapassar este **carácter** "incerto" dos parâmetros da escala de microvolts é a normalização para o valor de referência, por exemplo, o valor da contração voluntária máxima (MVC) **de** uma contração **de referência.** A ideia **básica é "calibrar** o valor em microvolts **para uma unidade de** calibração única **com** relevância **fisiológica**, a "percentagem da capacidade máxima de inervação" nesse sentido específico. Outros métodos normalizam para o **valor** médio interno **de um** determinado ensaio ou **para** o **nível** EMG **de uma determinada** atividade de referência submáxima**. O** principal efeito de todos os métodos de normalização é que a **influência de** uma **determinada** condição de deteção é **eliminada e os dados** são reescalonados **de** microvolt para percentagem do valor **de referência** selecionado. É importante compreender que a **normalização** da amplitude **não altera** a forma das curvas EMG, apenas a sua escala no eixo Y.

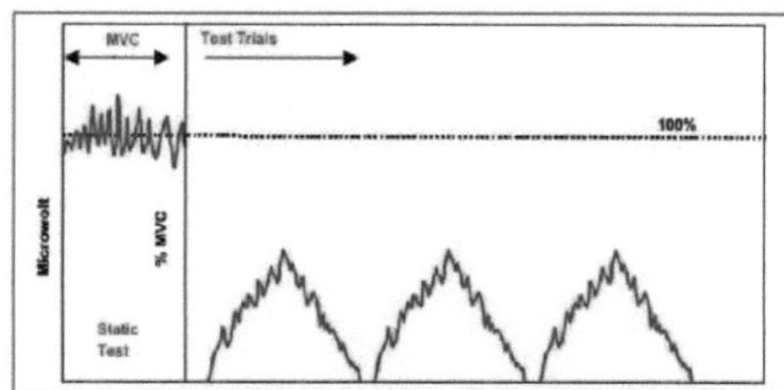

Figura 8: Normalização da amplitude do MVC

1.5 PREPARAÇÃO DA PELE PARA A SUPERFÍCIE ELECTROMIOGRAFIA

Os procedimentos seguintes podem ser considerados como passos para preparar a aplicação do elétrodo:

a) Remoção dos pêlos → É necessária para melhorar a aderência dos eléctrodos, especialmente em condições de humidade ou para tipos de pele suada e/ou condições de movimento dinâmico.

b) Limpeza da pele

Método A → Existem pastas de limpeza especiais, abrasivas e condutoras, que removem as células mortas da pele (produzem alta impedância) e limpam a pele da sujidade e do suor.

Método B → Em alternativa, pode ser utilizada uma lixa muito fina: Uma pressão suave e controlada em 3 ou 4 passagens é normalmente suficiente para obter um bom resultado. A utilização de uma lixa deve ser combinada com um disco de álcool.

Método C → O uso puro de álcool pode ser outra alternativa se for utilizado com uma toalha têxtil (que permita uma fricção suave). Este último método pode ser suficiente para testes de função muscular estática em condições fáceis.

Qualquer que seja o método de preparação da pele e a técnica de aplicação do elétrodo utilizados, quando corretamente executados, a pele recebe normalmente uma cor vermelha clara. Isto indica um bom estado de impedância da pele.

1.6 INTRODUÇÃO À PRÓTESE

Etimologia

A palavra "*prótese*" deriva da palavra grega antiga "*prósthesis*" que significa adição, aplicação ou fixação.

Definição

A prótese é um dispositivo artificial que substitui uma parte do corpo em falta, que pode ser perdida devido a traumatismo, doença ou condições congénitas.

Tipos de próteses

Em termos gerais, as próteses são de dois tipos:

a) Prótese passiva → Uma prótese funcional passiva é uma prótese que normalmente se assemelha muito à parte natural do corpo que está a substituir, com uma funcionalidade muito limitada ou nula. As pessoas que escolhem uma prótese funcional passiva procuram principalmente a estética e não as caraterísticas funcionais. Com a tecnologia atual, os dispositivos passivos podem parecer extraordinariamente realistas, combinando com o tom de pele e os contornos do membro natural, ao mesmo tempo que lhe proporcionam algumas capacidades funcionais importantes, como empurrar, equilibrar e apoiar. Como as próteses passivas não têm partes móveis electrónicas ou mecânicas, tendem a pesar menos do que as próteses activas.

b) Prótese ativa → Uma prótese ativa permite ao utilizador agarrar e manobrar objectos. Estas próteses são concebidas para ajudar a aumentar a independência e existem várias opções disponíveis, desde ganchos movidos pelo corpo até próteses avançadas de dedos, mãos ou braços movidos a eletricidade.

As duas principais categorias de dispositivos activos são as próteses alimentadas pelo corpo e as próteses alimentadas externamente.

bl) Prótese movida pelo corpo → As próteses movidas pelo corpo são controladas através de um arnês que se fixa à volta do ombro ou da parte superior do corpo do utilizador. Os movimentos do corpo, tais como encolher os ombros, activam mecanicamente a mão, o gancho ou o cotovelo da prótese e podem proporcionar uma simples preensão para segurar objectos. Com o seu design simples e robusto, uma prótese movida pelo corpo pode proporcionar uma preensão básica que pode ser eficaz em muitas circunstâncias. Ao contrário das próteses com componentes electrónicos, as próteses corporais podem ser utilizadas em ambientes húmidos ou sujos. A desvantagem deste tipo de próteses é que requerem cabos e um arnês para funcionarem, e é necessário utilizar outros grupos musculares e partes do corpo para ativar a pega. As próteses movidas pelo corpo também não oferecem as vantagens estéticas dos dispositivos passivos mais realistas.

b2) Próteses alimentadas externamente → As próteses modernas alimentadas externamente são mais avançadas do que as alimentadas pelo corpo e oferecem atualmente uma maior variedade de padrões de preensão e posições da mão. São alimentadas eletricamente, contendo uma fonte de energia, como uma bateria, juntamente com pequenos motores eléctricos que fazem funcionar a prótese.

CAPÍTULO 2: COMPONENTES DO PROJECTO

2.1 HARDWARE E SOFTWARE UTILIZADOS

Hardware

1 ADS-1298

2 Arduino Due

3 Escudo VR

4 Arduino Uno

5 Baterias

6 Servomotores (MG 946r)

7 Quadro elétrico

8 Braço impresso em 3D

Software

9 Proteus

10 Matlab

11 Arduino

12 Comandante do EasyVR

13

2.2 DETALHES DO HARDWARE

ADS-1298

O ADS128 é um membro da família de conversores analógico-digitais (ADCs) multicanal, de amostragem simultânea, 24 bits, delta-sigma (ΔΣ) com amplificadores de ganho programável (PGAs) integrados, referência interna e um oscilador integrado. O ADS1298 incorpora todas as caraterísticas que são normalmente necessárias em aplicações médicas de eletrocardiograma (ECG), eletroencefalograma (EEG) e eletromiograma (EMG).

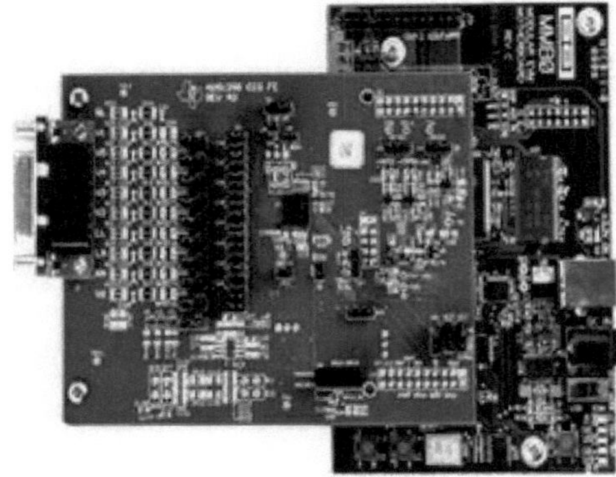

Figura 9: ADS-1298

Arduino Due

O Arduino Due é uma placa de microcontrolador baseada no CPU Atmel SAM3X8E ARM Cortex-M3. É a primeira placa Arduino baseada num microcontrolador ARM de 32 bits. Tem 54 pinos de entrada/saída digitais (dos quais 12 podem ser utilizados como saídas PWM), 12 entradas analógicas, 4 UART (portas de série de hardware), um relógio de 84 MHz, uma ligação USB com capacidade OTG, 2 DAC (digital para analógico), 2 TWI, uma tomada de alimentação, um conetor SPI, um conetor JTAG, um botão de reset e um botão de apagar. A placa contém tudo o que é necessário para suportar o microcontrolador; basta ligá-la a um computador com um cabo micro-USB ou alimentá-la com um adaptador AC-to-DC ou uma bateria para começar. A Due é compatível com todos os shields Arduino que funcionam a 3,3V e estão em conformidade com a pinagem 1.0 do Arduino.

Figura 10: Arduino Due

Escudo VR

O EasyVR 2.0 é um módulo de reconhecimento de voz polivalente, concebido para acrescentar capacidades de reconhecimento de voz e voz versáteis, robustas e económicas a praticamente qualquer aplicação. O EasyVR é a versão de terceira geração do bem sucedido módulo VRbot e baseia-se nas caraterísticas e funcionalidades do seu antecessor. Para além das caraterísticas do EasyVR 2.0, como 28 accionadores dependentes do altifalante (SD) definidos pelo utilizador e 28 comandos personalizados independentes do altifalante (SI), o shield tem conectores adicionais para a entrada de microfone, uma saída de altifalante de 8 ohm, saída de linha de áudio/ficha de auscultadores e acesso aos pinos de E/S do módulo EasyVR. Está também incluído um LED programável para mostrar o feedback durante as tarefas de reconhecimento.

- 28 comandos personalizados independentes do altifalante (SI) (disponíveis em inglês dos EUA, italiano, japonês, alemão, espanhol, francês e outros) para controlos básicos prontos a executar.
- Suporta até 32 accionadores ou comandos dependentes do altifalante (SD) definidos pelo utilizador (qualquer idioma), bem como palavras-passe de voz.
- O módulo pode ser utilizado com qualquer anfitrião com uma interface UART (alimentado a 3,3V - 5V).
- LED programável para mostrar feedback durante as tarefas de reconhecimento.
- Bibliotecas Arduino fornecidas.

Figura 11: Escudo de RV

Arduino Uno

O Arduino Uno é uma placa de microcontrolador baseada no ATmega328. Tem 14 pinos de entrada/saída digitais (dos quais 6 podem ser utilizados como saídas PWM), 6 entradas analógicas, um ressoador cerâmico de 16 MHz, uma ligação USB, uma tomada de alimentação, um conetor ICSP e um botão de reset. Contém tudo o que é necessário para suportar o microcontrolador; basta ligá-lo a um computador com um cabo USB ou alimentá-lo com um adaptador AC-to-DC ou uma bateria para começar.

O Uno difere de todas as placas anteriores pelo facto de não utilizar o chip de driver USB para série da FTDI. Em vez disso, possui o Atmega16U2 (Atmega8U2 até à versão R2) programado como um conversor USB-para-série. Pinagem 1.0. Acrescentámos os pinos SDA e SCL junto ao pino AREF e dois outros pinos novos junto ao pino RESET, o IOREF, que permitem que os shields se adaptem à tensão fornecida pela placa. No futuro, os shields serão compatíveis tanto com a placa que utiliza o AVR, que opera com 5V, como com o Arduino Due que opera com 3,3V.

Figura 12: Arduino Uno

Baterias

Para fornecer energia à placa de alimentação, utilizámos uma bateria de polímero de lítio (Li-Po). A bateria foi classificada como 15V e 4A. Utilizámos duas baterias, uma para alimentar o circuito e outra para reserva.

Figura 13: Baterias Li-Po

Servomotores (MG-946r)

O servo é um pequeno motor que tem um veio de saída. Este veio pode ser posicionado em posições angulares específicas, enviando ao servo um sinal codificado. Enquanto o sinal codificado existir na linha de entrada, o servo manterá a posição angular do eixo. Quando o sinal codificado muda, a posição angular do eixo muda. Para dobrar e retrair os dedos da mão, utilizámos 5 servomotores; um motor para cada dedo. Para rodar o pulso, utilizámos o sexto servomotor. Todos os 6 servomotores eram idênticos (MG-946r).

- Modulação: Digital
- Tensão mínima de funcionamento: 4,8V (Binário: 10,5 kg-cm)
- Tensão máxima de funcionamento: 6V (Binário: 13 kg-cm)
- Corrente: ~ 330mA a plena carga
- Máx. Rotação: 180 graus

Figura 14: Servo-motor MG-964

Quadro elétrico

A placa de potência foi necessária para acionar os servomotores através da bateria. Os componentes da placa de potência incluem:

- 6x LM 7805
- 8x Capacitores 0,3uf
- 6x Dissipadores de calor
- Resistências
- Interruptor

- 7x Conectores
- Dois LEDs para indicação do nível da bateria

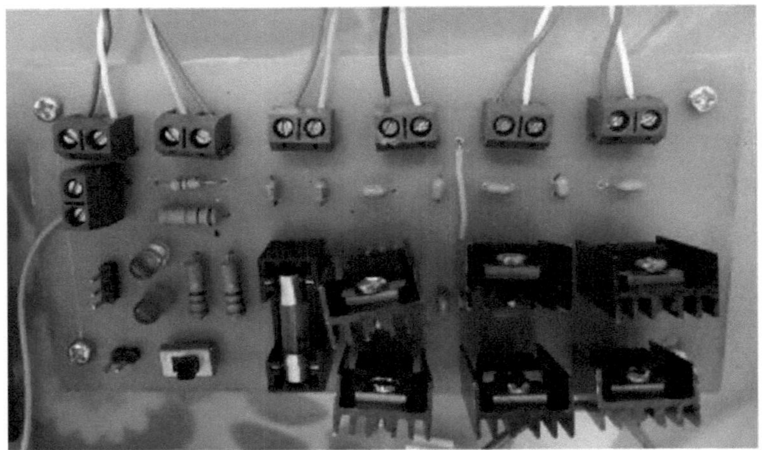

Figura 15: Placa de alimentação

Braço impresso em 3D

O braço impresso em 3D foi fornecido em cerca de 50 peças individuais, que foram depois montadas para formar um braço. No próximo capítulo são apresentados mais pormenores.

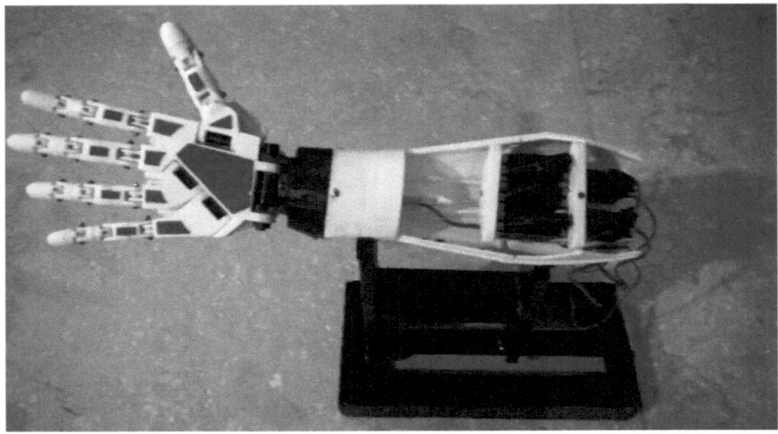

Figura 16: Braço impresso em 3D

2.3 PORMENORES DO SOFTWARE

Proteus

A placa de potência foi concebida no Proteus. O diagrama esquemático do Proteus é o seguinte: 

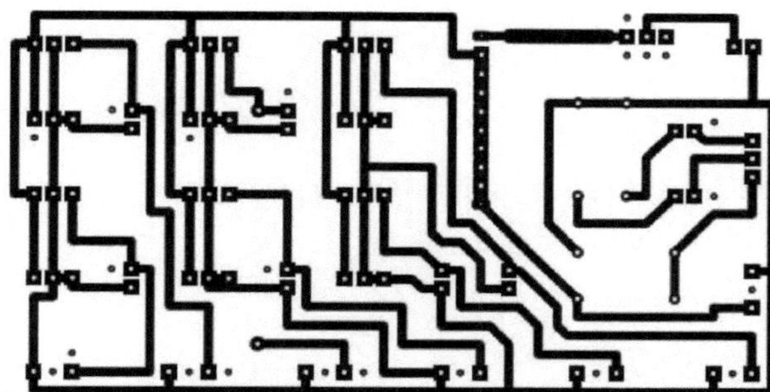

Figura 17: Diagrama esquemático do Proteus para a placa de alimentação

Matlab

O Matlab foi inicialmente utilizado para importar sinais EMG em tempo real do LabChart para o Matlab. Em seguida, estes sinais EMG foram processados em Matlab. Os sinais EMG foram amplificados, rectificados, alinhados e janelados no Matlab (inicialmente) para que pudéssemos conhecer a viabilidade da redução da dimensionalidade dos dados em tempo real no Matlab.

Os sinais EMG provenientes simultaneamente de 4 canais para o Matlab foram depois passados por um algoritmo de deteção e extração de caraterísticas que envolveu PCA (análise de componentes principais) que nos deu o gráfico de dispersão dos dados dos sinais EMG de 4 canais. O gráfico de dispersão ajuda a classificar a origem dos sinais EMG em tempo real.

Arduino

Uma vez terminada a codificação em Matlab, toda **a codificação** precisava de ser transferida para o ambiente Arduino a partir do ambiente Matlab. O Arduino pode ser facilmente ligado a servomotores.

Assim, todos os passos de codificação e algoritmos que foram implementados **no** Matlab foram depois codificados no ambiente de conceção do Arduino.

Comandante EasyVR

Para treinar o VR Shield a aprender palavras-chave específicas, é utilizado o software EasyVR commander. Pode armazenar até 32 comandos diferentes que um utilizador pode introduzir utilizando o seu microfone. Este software oferece a flexibilidade de remover, acrescentar ou substituir os comandos de voz várias vezes.

CAPÍTULO 3: METODOLOGIA DE CONCEPÇÃO E FUNCIONALIDADE

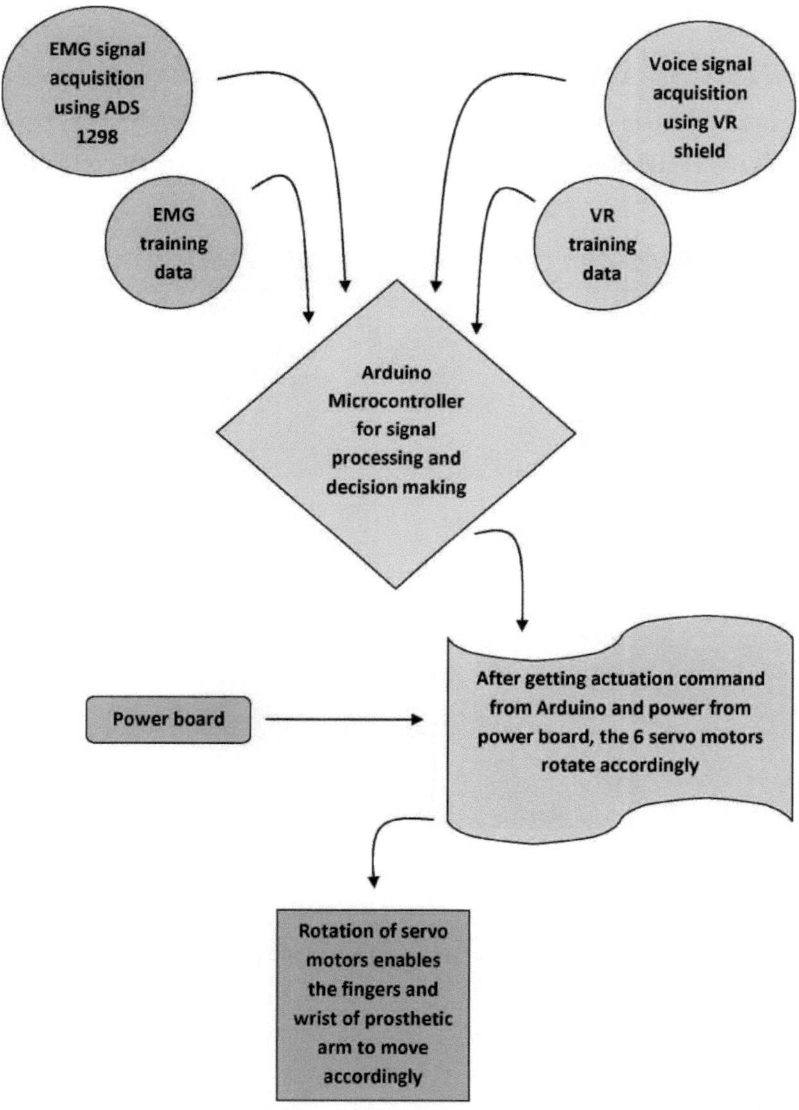

Este capítulo pode ser dividido em duas secções:

- Conceção mecânica

- Conceção eléctrica

3.1 CONCEPÇÃO MECÂNICA

O projeto mecânico consiste num **modelo de** braço prototipado **em 3D.** O **braço** foi concebido peça a peça num software CAD. Havia cerca de **55** peças no total. Os ficheiros do software (ficheiros .stl) foram introduzidos na impressora **3D, o que** permitiu **à** impressora fabricar os desenhos **contidos** nesses ficheiros. O fabrico **é** efectuado com uma **resolução** de **2** mm.

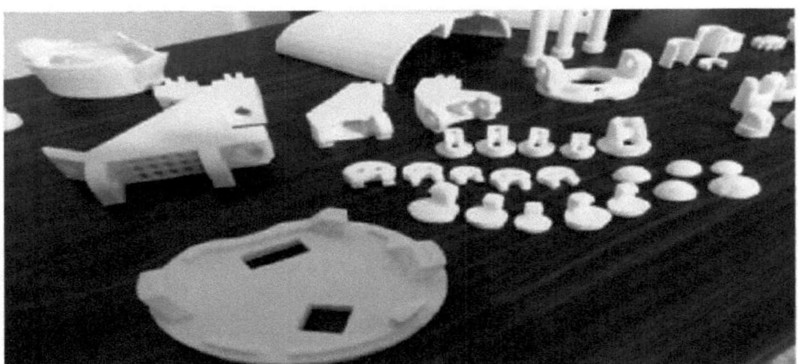

Figura 18: Impressão 3D do braço protésico

Em seguida, as peças foram encaixadas e montadas de **modo a dar-lhes** a forma **de** um braço. As diferentes fases envolvidas na montagem do braço são mostradas abaixo:

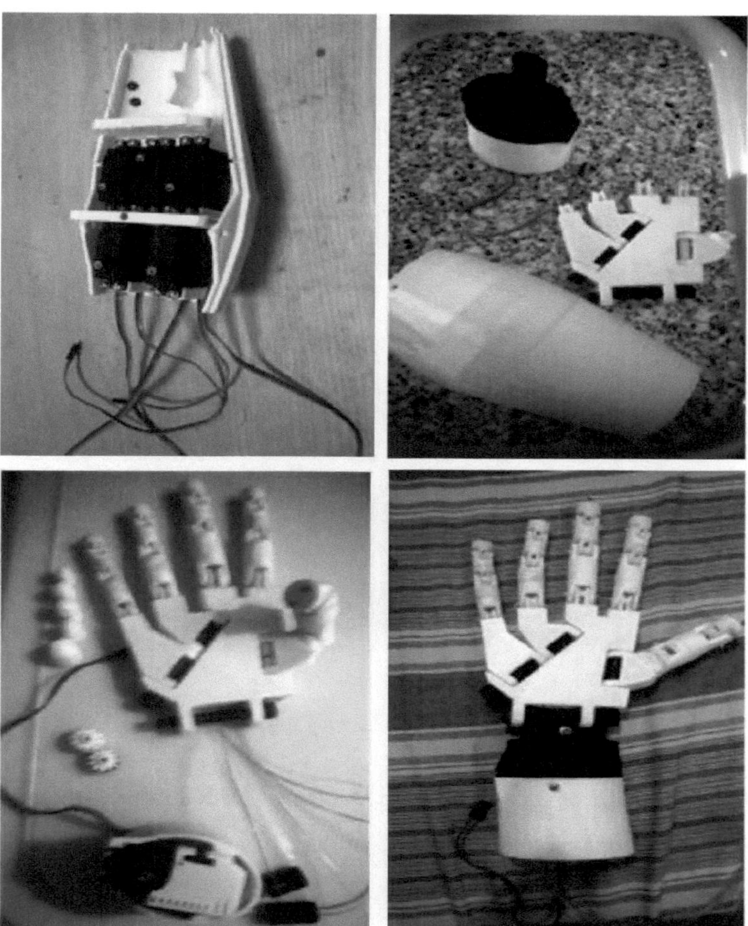

Figura 19: Montagem da mão prototipada em 3D

Outros pormenores da conceção mecânica incluem:

- Inserção de fios de pesca através dos dedos para que estes se possam dobrar e endireitar facilmente.
- Aplicar massa lubrificante entre as peças móveis e rotativas.
- Instalar os servomotores nas suas posições especificadas no braço e gerir um canal adequado de fios e roscas.
- Fixação de diferentes partes da mão com parafusos de porca.

- Colocação de uma almofada de borracha fina na palma da mão e nos dedos para melhorar a aderência da mão.
- Montagem do braço protésico num suporte de ferro, para facilitar a demonstração.

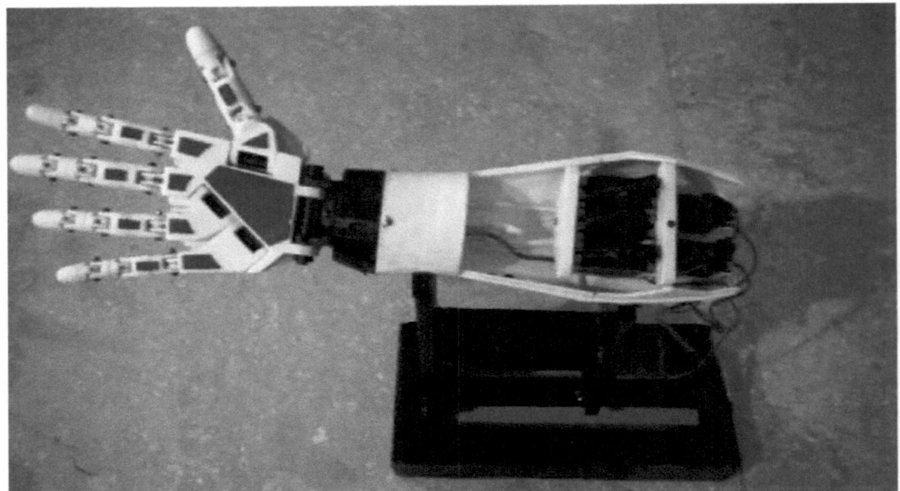

Figura 20: Montagem da mão impressa em 3D

3.2 CONCEPÇÃO ELÉCTRICA

O design elétrico envolve as ligações do shield VR, do Arduino, da placa de alimentação, da bateria, do ADS -1298 e dos servomotores. Vamos discutir estas ligações com referência ao modo de controlo.

Modo de controlo 1: Controlo por computador

Neste modo de controlo, o braço protésico pode ser controlado de duas maneiras diferentes:

a) Programando o microcontrolador Arduino para executar uma rotina fixa de alguns movimentos discretos do braço.

```
#include <Servo.h>
Servo s1;
Servo s2;
Servo s3;
Servo s4;
Servo s5;
Servo s6;
int l=160;
int r=0;
void setup(){
 Serial.begin(9600);
 s1.attach(2);
 s2.attach(3);
 s3.attach(4);
 s4.attach(5);
 s5.attach(6);
 s6.attach(7);
 delay(2000);
 resetall();
```

```
 delay(3000);
}
void loop()
{
 delay(3000);
 // victory
 for(int pos=0; pos < l ; pos++){
  s1.write(pos);
  s4.write(pos);
  s5.write(pos);
  delay(5);
 }
 delay(3000);
 // point
 for(int pos=s1.read(); pos > 30 ; pos--){
  s1.write(pos);
  delay(5);
 }
 for(int pos=0; pos < l ; pos++){
  s3.write(pos);
  delay(5);
 }
 for(int pos=0; pos < l ; pos++){
  s1.write(pos);
  delay(5);
 }
 delay(3000);
 // rotate
 for(int pos=s6.read(); pos > 1 ; pos--){
  s6.write(pos);
  delay(5);
 }
 delay(100);
 for(int pos=0; pos < l ; pos++){
  s6.write(pos);
  delay(5);
 }
 delay(100);
 for(int pos=s6.read(); pos > 1 ; pos--){
  s6.write(pos);
  delay(5);
 }
 delay(2000);
 // yo
```

```
for(int pos=s5.read(); pos > 1 ; pos--){
  s5.write(pos);
  delay(5);
}
delay(5000);
for(int pos=0; pos < l ; pos++){
  s2.write(pos);
  s5.write(pos);
  delay(5);
}
delay(3000);
// open
resetall();
delay(5000);
// hook
for(int pos=0; pos < l ; pos++){
  s1.write(pos);
  s2.write(pos);
  s3.write(pos);
  s4.write(pos);
  s5.write(pos);
  delay(5);
}
delay(500);
for(int pos=0; pos < l ; pos++){
  s6.write(pos);
  delay(5);
}
delay(500);
resetall();
delay(5000);
// hook
for(int pos=0; pos < l ; pos++){
  s2.write(pos);
  s3.write(pos);
  s4.write(pos);
  s5.write(pos);
  delay(5);
}
delay(5000);
resetall();
delay(3000);
for(int pos=0; pos < l ; pos++){
  s1.write(pos);
```

```
   s2.write(pos);
   s3.write(pos);
   s4.write(pos);
   s5.write(pos);
   delay(5);
  }
  delay(3000);
  resetall();
  delay(5000);
}
void resetall(){
  int pos=0;
   s1.write(pos);
   s2.write(pos);
   s3.write(pos);
   s4.write(pos);
   s5.write(pos);
   s6.write(pos);
delay(15);
}
```

b) Atribuindo uma tecla específica do teclado para controlar o movimento individual de cada um dos cinco dedos e do pulso separadamente.

```
#include <Servo.h>
Servo s1;
Servo s2;
Servo s3;
Servo s4;
Servo s5;
Servo s6;
char key=0;
const int r=0;
const int l=160;
void setup()
{
  Serial.begin(9600);
  s1.attach(2);
  s2.attach(3);
  s3.attach(4);
```

```
 s4.attach(5);
 s5.attach(6);
 s6.attach(7);
 resetall();
 delay(1000);
}
void loop() {
 if (Serial.available()) {
   key = Serial.read();
//    switch(key){
     if (key==byte(65)){
     moved1(l);
     }
     else if (key==byte(90)){
     moved1(r);
     }
     else if (key==byte(83)){
     moved2(l);
     }
     else if (key==byte(88)){
     moved2(r);
     }
     else if (key==byte(68)){
     moved3(l);
     }
     else if (key==byte(67)){
     moved3(r);
     }
     else if (key==byte(70)){
     moved4(l);
     }
     else if (key==byte(86)){
     moved4(r);
     }
     else if (key==byte(71)){
     moved5(l);
     }
     else if (key==byte(66)){
     moved5(r);
     }
     else if (key==byte(82)){
     for(int pos=r; pos < l ; pos++){
       s6.write(pos);
       delay(5);
```

```
      }
      }
      else if (key==byte(84)){
      for(int pos=s6.read(); pos > 0 ; pos--){
        s6.write(pos);
        delay(5);
      }
      }
   }
}
void moved5(int current){
  int last=s5.read();
  boolean dir = (current > last)? true:false;
  if (dir==true){
    for(int pos=last+1; pos < current ; pos++){
      s5.write(pos);
      delay(5);
    }
  }
  else if (dir==false){
    for(int pos=last+1; pos > current ; pos--){
      s5.write(pos);
      delay(5);
    }
  }
}
void moved4(int current){
  int last=s4.read();
  boolean dir = (current > last)? true:false;
  if (dir==true){
    for(int pos=last+1; pos < current ; pos++){
      s4.write(pos);
      delay(5);
    }
  }
  else if (dir==false){
    for(int pos=last+1; pos > current ; pos--){
      s4.write(pos);
      delay(5);
    }
  }
}
void moved3(int current){
  int last=s3.read();
```

```
  boolean dir = (current > last)? true:false;
  if (dir==true){
   for(int pos=last+1; pos < current ; pos++){
    s3.write(pos);
    delay(5);
   }
  }
  else if (dir==false){
   for(int pos=last+1; pos > current ; pos--){
    s3.write(pos);
    delay(5);
   }
  }
}
void moved2(int current){
  int last=s2.read();
  boolean dir = (current > last)? true:false;
  if (dir==true){
   for(int pos=last+1; pos < current ; pos++){
    s2.write(pos);
    delay(5);
   }
  }
  else if (dir==false){
   for(int pos=last+1; pos > current ; pos--){
    s2.write(pos);
    delay(5);
   }
  }
}
void moved1(int current){
  int last=s1.read();
  boolean dir = (current > last)? true:false;
  if (dir==true){
   for(int pos=last+1; pos < current ; pos++){
    s1.write(pos);
    delay(5);
   }
  }
  else if (dir==false){
   for(int pos=last+1; pos > current ; pos--){
    s1.write(pos);
    delay(5);
   }
```

```
  }
}
void resetall(){
  s1.write(0);
  s2.write(0);
  s3.write(0);
  s4.write(0);
  s5.write(0);
  s6.write(0);
  delay(100);
}
```

O Arduino Keyboard Programmer é utilizado para executar este código em tempo real, uma vez que aceita instruções sem bloqueio, ao contrário de outro(s) software(s) compatível(eis) com o Arduino.

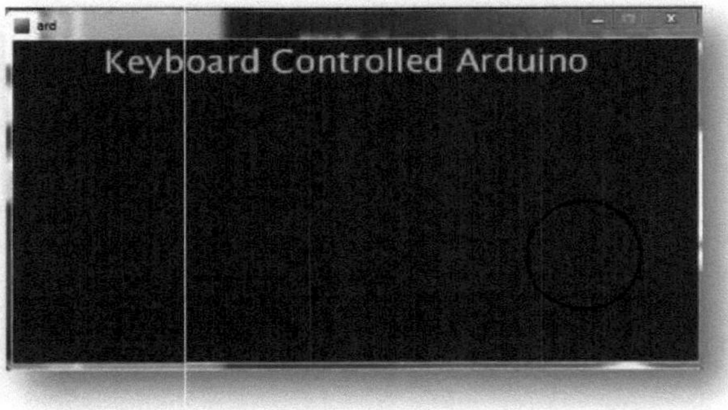

Figura 21: Interface do utilizador para o Arduino controlado por teclado

Modo de controlo 2: Controlo baseado em EMG

Após repetidos rastreios e análises, selecionámos quatro conjuntos de músculos que foram considerados bons para gerar um sinal EMG saudável. Estes conjuntos de músculos incluem o *bíceps*, *o tríceps*, *o infra-espinal* e *o trapézio*.

Depois de preparar a pele e colocar os eléctrodos na posição correta, adquirimos sinais EMG em tempo real simultaneamente a partir de quatro canais. No entanto, demonstrar o controlo baseado em EMG em público era um pouco difícil, pelo que reduzimos o número de canais de quatro para dois (*Bíceps* e *Tríceps*). Os eléctrodos são ligados ao ADS-1298 que adquire os sinais EMG, digitaliza-os e envia-os em série para o Arduino através do protocolo

SPI para processamento posterior.

Sempre que um sinal EMG é detectado pelo controlador, este passa rapidamente esse sinal EMG pelo algoritmo de "deteção e extração de caraterísticas", que indica de que músculo provém esse sinal EMG e que movimento deve ser executado nesse momento.

O código de inicialização e execução do ADS-1298 é um pouco longo. Inclui também o código necessário para o funcionamento do RLD (Right Leg Drive). A função principal do RLD é anular os artefactos produzidos pelas variações e perturbações do corpo, invertendo esses artefactos e reenviando-os para o corpo através de um elétrodo colocado na perna direita, de modo a que o desvio da linha de base seja aproximadamente anulado.

```
#include "adsCMD.h"
#include <SPI.h>
#include <Average.h>
#include <MatrixMath.h>
#include <EIGEN.h>
void setup(){
 InitializePinMode();
 ConfigureSpi();
 StartSerialPort();
 InitializeAds();
 VerifyBoardId();
 ConfigureChannels(0x60);
// ConfigureRldElectrode();
 startcontinuousread();
 calculatepca();
}
void loop()
{
 Serial.println();
 Serial.println();
 Serial.println();
 Serial.println();
 printdata();
}
```

```
/////////////////////////////////////////////////////////////////////////////////////////

#ifndef ADS1298_H
#define ADS1298_H
#ifdef __cplusplus
namespace ADS1298 {
#endif
	enum spi_command {
		// system commands
		WAKEUP = 0x02,
		STANDBY = 0x04,
		RESETCMD = 0x06,
		STARTCMD = 0x08,
		STOP = 0x0a,
		// read commands
		RDATAC = 0x10,
		SDATAC = 0x11,
		RDATA = 0x12,
		// register commands
		RREG = 0x20,
		WREG = 0x40
	};
	enum reg {
		// device settings
		ID = 0x00,
		// global settings
		CONFIG1 = 0x01,
		CONFIG2 = 0x02,
		CONFIG3 = 0x03,
		LOFF = 0x04,
		// channel specific settings
		CHnSET = 0x04,
		CH1SET = CHnSET + 1,
		CH2SET = CHnSET + 2,
		CH3SET = CHnSET + 3,
		CH4SET = CHnSET + 4,
		CH5SET = CHnSET + 5,
		CH6SET = CHnSET + 6,
		CH7SET = CHnSET + 7,
		CH8SET = CHnSET + 8,
		RLD_SENSP = 0x0d,
		RLD_SENSN = 0x0e,
		LOFF_SENSP = 0x0f,
		LOFF_SENSN = 0x10,
		LOFF_FLIP = 0x11,
		// lead off status
```

```
        LOFF_STATP = 0x12,
        LOFF_STATN = 0x13,
        // other
        GPIO = 0x14,
        PACE = 0x15,
        RESP = 0x16,
        CONFIG4 = 0x17,
        WCT1 = 0x18,
        WCT2 = 0x19
};
enum ID_bits {
        DEV_ID7 = 0x80,
        DEV_ID6 = 0x40,
        DEV_ID5 = 0x20,
        DEV_ID2 = 0x04,
        DEV_ID1 = 0x02,
        DEV_ID0 = 0x01,
        ID_const = 0x10,
        ID_ADS129x = DEV_ID7,
        ID_ADS129xR = (DEV_ID7 | DEV_ID6),
        ID_4CHAN = 0,
        ID_6CHAN = DEV_ID0,
        ID_8CHAN = DEV_ID1,
        ID_ADS1294 = (ID_ADS129x | ID_4CHAN),
        ID_ADS1296 = (ID_ADS129x | ID_6CHAN),
        ID_ADS1298 = (ID_ADS129x | ID_8CHAN),
        ID_ADS1294R = (ID_ADS129xR | ID_4CHAN),
        ID_ADS1296R = (ID_ADS129xR | ID_6CHAN),
        ID_ADS1298R = (ID_ADS129xR | ID_8CHAN)
};
enum CONFIG1_bits {
        HR = 0x80,
        DAISY_EN = 0x40,
        CLK_EN = 0x20,
        DR2 = 0x04,
        DR1 = 0x02,
        DR0 = 0x01
        CONFIG1_const = 0x00,
        HIGH_RES_32k_SPS = HR,
        HIGH_RES_16k_SPS = (HR | DR0),
        HIGH_RES_8k_SPS = (HR | DR1),
        HIGH_RES_4k_SPS = (HR | DR1 | DR0),
        HIGH_RES_2k_SPS = (HR | DR2),
        HIGH_RES_1k_SPS = (HR | DR2 | DR0),
        HIGH_RES_500_SPS = (HR | DR2 | DR1),
        LOW_POWR_250_SPS = (DR2 | DR1)
};
enum CONFIG2_bits {
```

```
            WCT_CHOP = 0x20,
            INT_TEST = 0x10,
            TEST_AMP = 0x04,
            TEST_FREQ1 = 0x02,
            TEST_FREQ0 = 0x01,
            CONFIG2_const = 0x00,
            INT_TEST_4HZ = INT_TEST,
            INT_TEST_8HZ = (INT_TEST | TEST_FREQ0),
            INT_TEST_DC = (INT_TEST | TEST_FREQ1 | TEST_FREQ0)
    };
    enum CONFIG3_bits {
            PD_REFBUF = 0x80,
            VREF_4V = 0x20,
            RLD_MEAS = 0x10,
            RLDREF_INT = 0x08,
            PD_RLD = 0x04,
            RLD_LOFF_SENS = 0x02,
            RLD_STAT = 0x01,
            CONFIG3_const = 0x40
    };
    enum LOFF_bits {
            COMP_TH2 = 0x80,
            COMP_TH1 = 0x40,
            COMP_TH0 = 0x20,
            VLEAD_OFF_EN = 0x10,
            ILEAD_OFF1 = 0x08,
            ILEAD_OFF0 = 0x04,
            FLEAD_OFF1 = 0x02,
            FLEAD_OFF0 = 0x01,
            LOFF_const = 0x00,
            COMP_TH_95 = 0x00,
            COMP_TH_92_5 = COMP_TH0,
            COMP_TH_90 = COMP_TH1,
            COMP_TH_87_5 = (COMP_TH1 | COMP_TH0),
            COMP_TH_85 = COMP_TH2,
            COMP_TH_80 = (COMP_TH2 | COMP_TH0),
            COMP_TH_75 = (COMP_TH2 | COMP_TH1),
            COMP_TH_70 = (COMP_TH2 | COMP_TH1 | COMP_TH0),
            ILEAD_OFF_6nA = 0x00,
            ILEAD_OFF_12nA = ILEAD_OFF0,
            ILEAD_OFF_18nA = ILEAD_OFF1,
            ILEAD_OFF_24nA = (ILEAD_OFF1 | ILEAD_OFF0),
            FLEAD_OFF_AC = FLEAD_OFF0,
            FLEAD_OFF_DC = (FLEAD_OFF1 | FLEAD_OFF0)
    };
    enum CHnSET_bits {
            PDn = 0x80,
            PD_n = 0x80,
```

```
            GAINn2 = 0x40,
            GAINn1 = 0x20,
            GAINn0 = 0x10,
            MUXn2 = 0x04,
            MUXn1 = 0x02,
            MUXn0 = 0x01,
            CHnSET_const = 0x00,
            GAIN_1X = GAINn0,
            GAIN_2X = GAINn1,
            GAIN_3X = (GAINn1 | GAINn0),
            GAIN_4X = GAINn2,
            GAIN_6X = 0x00,
            GAIN_8X = (GAINn2 | GAINn0),
            GAIN_12X = (GAINn2 | GAINn1),
            ELECTRODE_INPUT = 0x00,
            SHORTED = MUXn0,
            RLD_INPUT = MUXn1,
            MVDD = (MUXn1 | MUXn0),
            TEMP = MUXn2,
            TEST_SIGNAL = (MUXn2 | MUXn0),
            RLD_DRP = (MUXn2 | MUXn1),
            RLD_DRN = (MUXn2 | MUXn1 | MUXn0)
};
enum CH1SET_bits {
            PD_1 = 0x80,
            GAIN12 = 0x40,
            GAIN11 = 0x20,
            GAIN10 = 0x10,
            MUX12 = 0x04,
            MUX11 = 0x02,
            MUX10 = 0x01,
            CH1SET_const = 0x00
};
enum CH2SET_bits {
            PD_2 = 0x80,
            GAIN22 = 0x40,
            GAIN21 = 0x20,
            GAIN20 = 0x10,
            MUX22 = 0x04,
            MUX21 = 0x02,
            MUX20 = 0x01,
            CH2SET_const = 0x00
};
enum CH3SET_bits {
            PD_3 = 0x80,
            GAIN32 = 0x40,
            GAIN31 = 0x20,
            GAIN30 = 0x10,
```

```
        MUX32 = 0x04,
        MUX31 = 0x02,
        MUX30 = 0x01,
        CH3SET_const = 0x00
};
enum CH4SET_bits {
        PD_4 = 0x80,
        GAIN42 = 0x40,
        GAIN41 = 0x20,
        GAIN40 = 0x10,
        MUX42 = 0x04,
        MUX41 = 0x02,
        MUX40 = 0x01,
        CH4SET_const = 0x00
};
enum CH5SET_bits {
        PD_5 = 0x80,
        GAIN52 = 0x40,
        GAIN51 = 0x20,
        GAIN50 = 0x10,
        MUX52 = 0x04,
        MUX51 = 0x02,
        MUX50 = 0x01,
        CH5SET_const = 0x00
};
enum CH6SET_bits {
        PD_6 = 0x80,
        GAIN62 = 0x40,
        GAIN61 = 0x20,
        GAIN60 = 0x10,
        MUX62 = 0x04,
        MUX61 = 0x02,
        MUX60 = 0x01,
        CH6SET_const = 0x00
};
enum CH7SET_bits {
        PD_7 = 0x80,
        GAIN72 = 0x40,
        GAIN71 = 0x20,
        GAIN70 = 0x10,
        MUX72 = 0x04,
        MUX71 = 0x02,
        MUX70 = 0x01,
        CH7SET_const = 0x00
};
enum CH8SET_bits {
        PD_8 = 0x80,
        GAIN82 = 0x40,
```

```
        GAIN81 = 0x20,
        GAIN80 = 0x10,
        MUX82 = 0x04,
        MUX81 = 0x02,
        MUX80 = 0x01,
        CH8SET_const = 0x00
};
enum RLD_SENSP_bits {
        RLD8P = 0x80,
        RLD7P = 0x40,
        RLD6P = 0x20,
        RLD5P = 0x10,
        RLD4P = 0x08,
        RLD3P = 0x04,
        RLD2P = 0x02,
        RLD1P = 0x01,
        RLD_SENSP_const = 0x00
};
enum RLD_SENSN_bits {
        RLD8N = 0x80,
        RLD7N = 0x40,
        RLD6N = 0x20,
        RLD5N = 0x10,
        RLD4N = 0x08,
        RLD3N = 0x04,
        RLD2N = 0x02,
        RLD1N = 0x01,
        RLD_SENSN_const = 0x00
};
enum LOFF_SENSP_bits {
        LOFF8P = 0x80,
        LOFF7P = 0x40,
        LOFF6P = 0x20,
        LOFF5P = 0x10,
        LOFF4P = 0x08,
        LOFF3P = 0x04,
        LOFF2P = 0x02,
        LOFF1P = 0x01,
        LOFF_SENSP_const = 0x00
};
enum LOFF_SENSN_bits {
        LOFF8N = 0x80,
        LOFF7N = 0x40,
        LOFF6N = 0x20,
        LOFF5N = 0x10,
        LOFF4N = 0x08,
        LOFF3N = 0x04,
        LOFF2N = 0x02,
```

```
        LOFF1N = 0x01,
        LOFF_SENSN_const = 0x00
};
enum LOFF_FLIP_bits {
        LOFF_FLIP8 = 0x80,
        LOFF_FLIP7 = 0x40,
        LOFF_FLIP6 = 0x20,
        LOFF_FLIP5 = 0x10,
        LOFF_FLIP4 = 0x08,
        LOFF_FLIP3 = 0x04,
        LOFF_FLIP2 = 0x02,
        LOFF_FLIP1 = 0x01,
        LOFF_FLIP_const = 0x00
};
enum LOFF_STATP_bits {
        IN8P_OFF = 0x80,
        IN7P_OFF = 0x40,
        IN6P_OFF = 0x20,
        IN5P_OFF = 0x10,
        IN4P_OFF = 0x08,
        IN3P_OFF = 0x04,
        IN2P_OFF = 0x02,
        IN1P_OFF = 0x01,
        LOFF_STATP_const = 0x00
};
enum LOFF_STATN_bits {
        IN8N_OFF = 0x80,
        IN7N_OFF = 0x40,
        IN6N_OFF = 0x20,
        IN5N_OFF = 0x10,
        IN4N_OFF = 0x08,
        IN3N_OFF = 0x04,
        IN2N_OFF = 0x02,
        IN1N_OFF = 0x01,
        LOFF_STATN_const = 0x00
};
enum GPIO_bits {
        GPIOD4 = 0x80,
        GPIOD3 = 0x40,
        GPIOD2 = 0x20,
        GPIOD1 = 0x10,
        GPIOC4 = 0x08,
        GPIOC3 = 0x04,
        GPIOC2 = 0x02,
        GPIOC1 = 0x01,
        GPIO_const = 0x00
};
enum PACE_bits {
```

```
        PACEE1 = 0x10,
        PACEE0 = 0x08,
        PACEO1 = 0x04,
        PACEO0 = 0x02,
        PD_PACE = 0x01,
        PACE_const = 0x00,
        PACEE_CHAN2 = 0x00,
        PACEE_CHAN4 = PACEE0,
        PACEE_CHAN6 = PACEE1,
        PACEE_CHAN8 = (PACEE1 | PACEE0),
        PACEO_CHAN1 = 0x00,
        PACEO_CHAN3 = PACEE0,
        PACEO_CHAN5 = PACEE1,
        PACEO_CHAN7 = (PACEE1 | PACEE0)
};
enum RESP_bits {
        RESP_DEMOD_EN1 = 0x80,
        RESP_MOD_EN1 = 0x40,
        RESP_PH2 = 0x10,
        RESP_PH1 = 0x08,
        RESP_PH0 = 0x04,
        RESP_CTRL1 = 0x02,
        RESP_CTRL0 = 0x01,
        RESP_const = 0x20,
        RESP_PH_22_5 = 0x00,
        RESP_PH_45 = RESP_PH0,
        RESP_PH_67_5 = RESP_PH1,
        RESP_PH_90 = (RESP_PH1 | RESP_PH0),
        RESP_PH_112_5 = RESP_PH2,
        RESP_PH_135 = (RESP_PH2 | RESP_PH0),
        RESP_PH_157_5 = (RESP_PH2 | RESP_PH1),
        RESP_NONE = 0x00,
        RESP_EXT = RESP_CTRL0,
        RESP_INT_SIG_INT = RESP_CTRL1,
        RESP_INT_SIG_EXT = (RESP_CTRL1 | RESP_CTRL0)
};
enum CONFIG4_bits {
        RESP_FREQ2 = 0x80,
        RESP_FREQ1 = 0x40,
        RESP_FREQ0 = 0x20,
        SINGLE_SHOT = 0x08,
        WCT_TO_RLD = 0x04,
        PD_LOFF_COMP = 0x02,
        CONFIG4_const = 0x00,
        RESP_FREQ_64k_Hz = 0x00,
        RESP_FREQ_32k_Hz = RESP_FREQ0,
        RESP_FREQ_16k_Hz = RESP_FREQ1,
        RESP_FREQ_8k_Hz = (RESP_FREQ1 | RESP_FREQ0),
```

```
            RESP_FREQ_4k_Hz = RESP_FREQ2,
            RESP_FREQ_2k_Hz = (RESP_FREQ2 | RESP_FREQ0),
            RESP_FREQ_1k_Hz = (RESP_FREQ2 | RESP_FREQ1),
            RESP_FREQ_500_Hz = (RESP_FREQ2 | RESP_FREQ1 | RESP_FREQ0)
    };
    enum WCT1_bits {
            aVF_CH6 = 0x80,
            aVL_CH5 = 0x40,
            aVR_CH7 = 0x20,
            avR_CH4 = 0x10,
            PD_WCTA = 0x08,
            WCTA2 = 0x04,
            WCTA1 = 0x02,
            WCTA0 = 0x01,
            WCT1_const = 0x00,
            WCTA_CH1P = 0x00,
            WCTA_CH1N = WCTA0,
            WCTA_CH2P = WCTA1,
            WCTA_CH2N = (WCTA1 | WCTA0),
            WCTA_CH3P = WCTA2,
            WCTA_CH3N = (WCTA2 | WCTA0),
            WCTA_CH4P = (WCTA2 | WCTA1),
            WCTA_CH4N = (WCTA2 | WCTA1 | WCTA0)
    };
    enum WCT2_bits {
            PD_WCTC = 0x80,
            PD_WCTB = 0x40,
            WCTB2 = 0x20,
            WCTB1 = 0x10,
            WCTB0 = 0x08,
            WCTC2 = 0x04,
            WCTC1 = 0x02,
            WCTC0 = 0x01,
            WCT2_const = 0x00,
            WCTB_CH1P = 0x00,
            WCTB_CH1N = WCTB0,
            WCTB_CH2P = WCTB1,
            WCTB_CH2N = (WCTB1 | WCTB0),
            WCTB_CH3P = WCTB2,
            WCTB_CH3N = (WCTB2 | WCTB0),
            WCTB_CH4P = (WCTB2 | WCTB1),
            WCTB_CH4N = (WCTB2 | WCTB1 | WCTB0),
            WCTC_CH1P = 0x00,
            WCTC_CH1N = WCTC0,
            WCTC_CH2P = WCTC1,
            WCTC_CH2N = (WCTC1 | WCTC0),
            WCTC_CH3P = WCTC2,
            WCTC_CH3N = (WCTC2 | WCTC0),
```

```
                    WCTC_CH4P = (WCTC2 | WCTC1),
                    WCTC_CH4N = (WCTC2 | WCTC1 | WCTC0)
          };
#ifdef __cplusplus
}
#endif                              /* namespace ADS1298 */
#endif                                 /* ADS1298_H */

///////////////////////////////////////////////////////////////////////////////////////////

#include "Arduino.h"   // use: Wprogram.h for Arduino versions prior to 1.0
#include "adsCMD.h"
#include "ads1298.h"
#include <SPI.h> // include the SPI library:
#include <Average.h>
const float LSBSIZE= 2.4/(pow(2,23)-1.0);
const byte GAIN=12;
byte onchannels[Ch]={5,6,7,8};
byte offchannels[Ch-1]={2,3,4};
boolean rldpinselect=true;
byte rldchannel=1;
volatile float data[M*Ch]={0.0};
float temp[Ch*M]={0.0};
volatile int count=0;
float diff[Ch]={0.0};
int gMaxChan = 0; //maximum number of channels supported by ads129n = 4,6,8
int gIDval = 0; //Device ID : lower 5 bits of  ID Control Register
union {
char b[4];
unsigned int i;
} uff;
using namespace ADS1298;
void adc_send_command(int cmd)
{
          digitalWrite(CS, LOW);
          SPI.transfer(cmd);
          delayMicroseconds(1);
          digitalWrite(CS, HIGH);
}
void adc_wreg(int reg, int val)
{
          digitalWrite(CS, LOW);
          SPI.transfer(ADS1298::WREG | reg);
          SPI.transfer(0);  // number of registers to be read/written â€“ 1
          SPI.transfer(val);
          delayMicroseconds(1);
          digitalWrite(CS, HIGH);
}
```

```
int adc_rreg(int reg){
  int out = 0;
  digitalWrite(CS, LOW);
  SPI.transfer(ADS1298::RREG | reg);
  delayMicroseconds(5);
  SPI.transfer(0);// number of registers to be read/written â€" 1
  delayMicroseconds(5);
  out = SPI.transfer(0);
        delayMicroseconds(1);
  digitalWrite(CS, HIGH);
  return(out);
}
void InitializePinMode(){
  pinMode(CS, OUTPUT);
  pinMode(START, OUTPUT);
  pinMode(DRDY, INPUT);
  pinMode(CLKSEL, OUTPUT);//*optional
  pinMode(RESET, OUTPUT);//*optional
  pinMode(PWDN, OUTPUT);//*optional
}
void ConfigureSpi(){
  SPI.begin();
  SPI.setBitOrder(MSBFIRST);
  SPI.setDataMode(SPI_MODE1);
  SPI.setClockDivider(42);
}
void InitializeAds(){       /*Start ADS1298*/
  digitalWrite(CLKSEL,LOW);  // Set clksel low to enable on board oscillator
  digitalWrite(RESET,HIGH);  // Set reset high because its active low
  digitalWrite(START,LOW);
  delay(100);
  adc_send_command(SDATAC);  // Send SDATAC Command (Stop Read Data Continuously mode)
  delay(10);
   adc_wreg(WREG | CONFIG1 , 0x85);    // Write CONFIG1 to 85h to enable HR mode and set data
rate to 1000 SPS
   delayMicroseconds(10);
   adc_wreg(WREG | CONFIG2 , 0x30);    // Write CONFIG2 10h to enable internal test signals and
their frequency and amplitude at default values
   delayMicroseconds(10);
   adc_wreg(WREG | CONFIG3 , 0xDE);    // Write CONFIG3 5Ah to enable Internal RLD reference,
RLD sense and RLD measurement features
   delayMicroseconds(10);
   adc_wreg(WREG | LOFF , 0x03);    // Write CONFIG3 5Ah to enable Internal RLD reference, RLD
sense and RLD measurement features
   delayMicroseconds(10);
}
void  StartSerialPort(){
  Serial.begin(115200); //use native port on Due
```

```
  while (Serial.read() >= 0) {}
  delay(200);  // Catch Due reset problem
  pinMode(kPIN_LED, OUTPUT);
}
void VerifyBoardId(){
  gIDval = adc_rreg(ID); //lower 5 bits of register 0 reveal chip type
  switch (gIDval & B00011111 ) { //least significant bits reports channels
        case  B10000: //16
         gMaxChan = 4; //ads1294
         break;
        case B10001: //17
         gMaxChan = 6; //ads1296
         break;
        case B10010: //18
         gMaxChan = 8; //ads1298
         break;
        case B11110: //30
         gMaxChan = 8; //ads1299
         break;
        default:
         gMaxChan = 0;
  }
  Serial.print("Device Type (ID Control Register): "); Serial.print(gIDval,HEX); Serial.print(" Channels: 
"); Serial.println(gMaxChan);
  digitalWrite(kPIN_LED, HIGH);   // turn the LED on (HIGH is the voltage level)
  if (gMaxChan > 0)
    delay(500); //long pause if OK
  else
    delay(50); //rapid blink if error
  digitalWrite(kPIN_LED, LOW);    // turn the LED off by making the voltage LOW
  delay(500);
}
float adc_read_data(){
  float f=0.0;
  uff.i=0;
  digitalWrite(CS,LOW);
  uff.b[2]=SPI.transfer(0);
  delayMicroseconds(1);
  uff.b[1]=SPI.transfer(0);
  delayMicroseconds(1);
  uff.b[0]=SPI.transfer(0);
  delayMicroseconds(1);
  digitalWrite(CS,HIGH);
  uff.i^=0x800000;
  f = ((uff.i) * LSBSIZE) / GAIN;
  f-=2.4/GAIN;
  return f;
}
```

```
void ConfigureChannels(byte command){              // Sets the onchannels to desired mode and
rest of channels to power down mode
 for (byte i = 0 ; i < Ch ; ++i){
   adc_wreg(WREG | onchannels[i] + 4 , command);     // Write first four channels to input short to
measure offset
   delayMicroseconds(10);
 }
 for (byte i=0; i<Ch-1; ++i){
 adc_wreg(WREG | offchannels[i] + 4 , 128);
  delayMicroseconds(10);
  }
}
void ConfigureRldElectrode(){    // Configures RLD electrode and chooses between positive and
negative pins through flag
 if(rldpinselect == true)
  adc_wreg(WREG | rldchannel + 4 , 0x66);     // Enable rldchannel +ve electrode as RLD driver
  else
  adc_wreg(WREG | rldchannel + 4 , 0x67);     // Enable rldchannel -ve electrode as RLD driver
 delayMicroseconds(10);
}
void startcontinuousread(){
 attachInterrupt(DRDY,receiveData,FALLING);
 digitalWrite(START,HIGH);
 delayMicroseconds(5);
 adc_send_command(RDATAC);
 delayMicroseconds(20);
}
void receiveData(){
 byte chancount=0;
 adc_read_data();
 if (count < M ){
   for(int i = 0 ; i < 8 ; i++){
//     for (int j=0; j < Ch; ++j)
     if (findval( byte(i+1) ) == true){
       data[(chancount*M)+count]=adc_read_data();
      chancount++;
     }
     else
     adc_read_data();
   }
  count++;
 }
 else{
   count=0;
 }
}
void printdata(){
    while ( count < M);
```

```
    noInterrupts();
    Serial.println("data");
    for (int i=0; i<Ch; ++i){
      for (int j=0; j < M; ++j){
        Serial.print(data[(i*M)+j],7);
        Serial.print(' ');
    }
  }
    Serial.println();
    difference();
    removeoffset(data,temp);
    Serial.println("filtered data");
    for (int i=0; i<Ch; ++i){
      for (int j=0; j < M; ++j){
        Serial.print(temp[(i*M)+j],7);
        Serial.print(' ');
    }
  }
interrupts();
}
boolean findval(byte com){     // Finds if a particular channel is present in the onchannels array
  boolean val = false;
  for (byte i = 0; i < sizeof(onchannels)/sizeof(byte); ++i){
  if (com == onchannels[i])
    val=true;
  }
  return val;
}
void removeoffset(volatile float x[],float y[]){       // Implementation of a high pass filter order = 20,
Fstop=10 Hz
      unsigned long start=0;
      start=millis();
      unsigned long endt=0;
          float h[21]={-0.039323,-0.024247,-0.030602,-0.03713,-0.043569,-0.049637,-0.05506,-
0.059581,-0.06298,-0.06509,0.93419,-0.06509,-0.06298,-0.059581,-0.05506,-0.049637,-0.043569,-
0.03713,-0.030602,-0.024247,-0.039323};
          float val=0.0;
          const int N=sizeof(h)/sizeof(float);
          int k=0;
for (int w = 0; w < Ch; ++w){
          for (int i = 0; i < M+N-1 ; ++i){
                    val=0.0;
                    k=i;
                    for (int j = 0 ; j < N ; ++j ){
                              if ( k >= 0 && k < M){
                                        val+=h[j]*x[(w*M)+k];
                              }
                              else
```

```
                              {
                              val+=0.0;
                              }
                              k--;
                      }
            if ( i < M )
            if( abs(val) > abs(diff[w]/2) )
                      y[(w*M)+i]=diff[w]/16;
            else
            y[(w*M)+i]=val;
           }
}
}
void difference(){
 float temp1[M]={0.0};
 for (int i=0; i<Ch ;++i){
 for (int j=0; j<M ;++j)
   temp1[j]=data[(i*M)+j];
   diff[i]=maximum(temp1,M) - minimum(temp1,M);
   Serial.println(diff[i],7);
 }
}

///////////////////////////////////////////////////////////////////////////////////////////////

#include "Arduino.h"
const int Mm=2;
const int N=1000;
const int M= 250;
const int Ch = 4;
// Arduino Due
const int kPIN_LED = 13;//pin with in-built light - typically 13, 11 for Teensy 2.0.
const int PWDN = 47; //not required for TI demo kit
const int CLKSEL = 51;//6;//*optional
const int RESET  = 53;//*optional
const int START = 52;
const int DRDY = 48;
const int CS = 4;
//function prototypes
void adc_wreg(int reg, int val); //write register
void adc_send_command(int cmd); //send command
int adc_rreg(int reg); //read register
void ConfigureSpi();
void InitializePinMode();
void ConfigureSpi();
void InitializeAds();
void StartSerialPort();
void VerifyBoardId();
```

```
float adc_read_data();
void ConfigureChannels(byte command);
void ConfigureRldElectrode();
void startcontinuousread();
void receiveData();
void printdata();
boolean findval(byte com);
void removeoffset(volatile float x[],float y[]);
void difference();
int findindex(float array[],float val,int N);
void calculatepca();
```

Modo de controlo 3: Controlo por voz

Neste modo de controlo, o utilizador (doente) tem de dizer a palavra-chave que utilizou anteriormente para treinar o escudo de RV. Cada palavra-chave corresponde a um movimento específico e discreto da mão. Quando o shield de RV detecta que uma determinada palavra-chave é pronunciada, diz ao Arduino para executar uma rotina de serviço de interrupção, que está programada com o movimento ao qual a palavra-chave está associada.

APÊNDICE

a) Análise de componentes principais

Esta técnica é utilizada para extrair caraterísticas proeminentes do conjunto de dados e eliminar as restantes caraterísticas. Por outras palavras, faz a "redução dimensional" dos dados.

```
function pca(DS,a,b,c,d,R)
X=princomp(DS);
X=X(:,1:3);
clusA=a*X;
clusB=b*X;
clusC=c*X;
clusD=d*X;
pointA=[mean(clusA(:,1)) mean(clusA(:,2)) mean(clusA(:,3))];
pointB=[mean(clusB(:,1)) mean(clusB(:,2)) mean(clusB(:,3))];
pointC=[mean(clusC(:,1)) mean(clusC(:,2)) mean(clusC(:,3))];
pointD=[mean(clusD(:,1)) mean(clusD(:,2)) mean(clusD(:,3))];
pointG=R*X;
plot3(clusA(:,1),clusA(:,2),clusA(:,3),'r.')
grid on
hold on
plot3(clusB(:,1),clusB(:,2),clusB(:,3),'b*')
plot3(clusC(:,1),clusC(:,2),clusC(:,3),'go')
plot3(clusD(:,1),clusD(:,2),clusD(:,3),'x')
cenS=[pdist([pointG ; pointA],'euclidean') pdist([pointG;pointB],'euclidean')
pdist([pointG;pointC],'euclidean') pdist([pointG;pointD],'euclidean')];
index=find(cenS==min(cenS(:)));
switch(index)
   case 1
      disp('Point belongs to group A')
   case 2
      disp('Point belongs to group B')
   case 3
      disp('Point belongs to group C')
   case 4
      disp('Point belongs to group D')
end
```

b) Plotar canais simultaneamente no Matlab

Para desenhar todos os canais em simultâneo no Matlab e para visualizar e utilizar os dados de cada canal, é útil o seguinte código Matlab.

```
function z=plotAllChannels(a)
load(a,'data','datastart','dataend');
h=zeros(1,size(datastart),1);
z=cell(1,size(datastart,1));
for n=1:size(datastart,1)
   for m=1:size(datastart,2)
      z{n} = [z{n} data(datastart(n,m):dataend(n,m))];
   end
      h(n) = subplot(size(datastart,1),1,n);
      plot(z{n});
end
linkaxes(h,'xy');
```

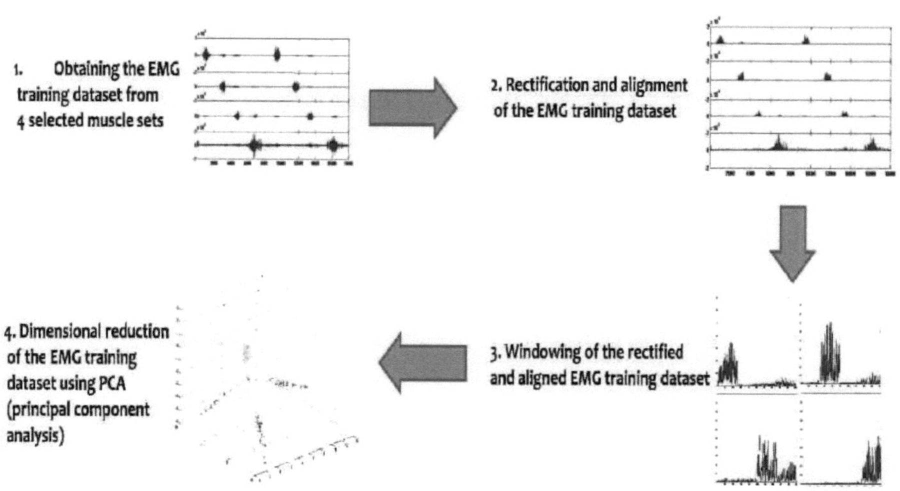

REFERÊNCIAS

(1) Uma nova extração de caraterísticas para um reconhecimento robusto de padrões EMG

- Remoção do ruído dos sinais EMG.
- Tolera WGN, pelo que não é necessário um algoritmo de remoção de ruído.
- 16 parâmetros de caraterísticas e duas novidades são avaliados num ambiente ruidoso.
- WGN (com SNR 0-20 db) é adicionado aos sinais EMG.
- O MMNF, o histograma e a amplitude de Wilson são utilizados no vetor de caraterísticas.

(2) Reconhecimento de padrões EMG baseado em técnicas de inteligência artificial

- 5 parâmetros caraterísticos são selecionados a partir dos sinais EMG originais.
- O reconhecimento de padrões é efectuado através da "acumulação de provas", utilizando as distâncias medidas com parâmetros de referência.
- O mapeamento difuso mostra que o parâmetro de caraterística ACV é mais viável para o vetor de caraterística.

(3) Extração de caraterísticas do sinal EMG com base na transformada Wavelet

- Os sinais EMG são registados para criar um conjunto de dados.
- Foram efectuados diferentes níveis da família de Wavelets de Daubechies para analisar os sinais EMG.
- As caraterísticas em termos de rms, log(rms), cen(freq), std são utilizadas para extrair o sinal EMG.
- Rms mostra o melhor resultado (melhores clusters).

(4) Processamento de sinais EMG de baixo custo e em tempo real para controlo de próteses utilizando padrões dinâmicos

- São utilizados padrões EMG gerados pelos músculos flexores e extensores.
- Foi desenvolvido um hardware para fins especiais baseado no mcu Intel87C52.
- O MAV foi calculado apenas para os primeiros 160 mseg (os padrões mostram uma boa separabilidade).
- Foi detectado um novo movimento quando a soma dos MAVs excedeu o limiar.

(5) Dos sinais fisiológicos às emoções: Implementação e comparação de métodos selecionados para extração e classificação de caraterísticas

- Utiliza um método de indução musical que provoca reacções emocionais naturais.
- 4 canais obtêm EMG, ECG, condutividade da pele e alterações da respiração.
- LDA e K-nearest neighbor são técnicas de redução utilizadas no conjunto de dados.

(6) Avaliação das caraterísticas do sinal EMG do antebraço para o controlo de uma mão protética

- 19 parâmetros de caraterísticas tidos em conta.

- Algumas caraterísticas incluem a combinação da transformada wavelet com outras técnicas de processamento de sinais.

- É efectuada uma avaliação com base em 3 pontos de vista: o classificação dos movimentos o tolerância ao ruído o complexidade de cálculo

(7) Um sistema de aquisição de dados e processamento de sinais para sinais EMG e de aceleração

- Recolhe sinais EMG de 2 canais localizados na parte superior do braço.

- 6 outros canais são utilizados para informações de movimento obtidas a partir de 2 sensores piezoeléctricos de três eixos

transdutores de aceleração fixados no pulso.

- Derivação de padrões adequados para o mecanismo de saída.

(8) Um novo método de processamento de sinais para eletromiografia de superfície com múltiplos eléctrodos

- A SNR da respiração no sEMG é muito baixa, mas a do ECG é relativamente alta.

- A ideia é obter uma boa estimativa do artefacto de ECG para o utilizar como sinal de referência para o filtro adaptativo FIR.

- Uma vez estimado o ECG, o EMG também pode ser estimado com maior exatidão.

(9) Atuação do acionamento da prótese utilizando o sinal EMG

- Os sinais de 4 canais são utilizados para a identificação e classificação de 6 movimentos únicos da mão (abrir, fechar, flexão do pulso, extensão do pulso, desvio ulnar, desvio radial).

- Estas caraterísticas do domínio do tempo são extraídas e depois reduzidas utilizando PCA.

- as caraterísticas reduzidas são classificadas utilizando 2 técnicas (K-nearest neighbor e redes neurais artificiais) e os resultados são comparados.

(10) Controlo mioeléctrico hierárquico de uma prótese do membro superior humano

- Algoritmo baseado em AR e NN (auto regressão e redes neurais) para classificação de sinais.

- Os resultados mostram que, combinando o modelo AR de baixa ordem com a NN de alimentação, é alcançada uma taxa de classificação de 98%.

- Arquitetura de controlo hierárquico e implementação do controlador utilizando FSM.

- É capaz de controlar 3 articulações (6 movimentos) da prótese do membro superior.

(11) Conceção e desenvolvimento de um sistema de aquisição de sinais EMG de baixo custo utilizando um elétrodo EMG de superfície

- O sinal EMG necessita de ser melhorado para ser visualizado ou processado.
- Os sinais EMG de 2 canais são amplificados utilizando um D-Amp.
- Os sinais EMG são então pré-processados para obter o envelope linear do sinal EMG.
- Em seguida, é traçado no computador.

(12) Análise de registos electromiográficos durante a contração voluntária e identificação de caraterísticas específicas da atividade muscular

- A aquisição de sinais é efectuada utilizando o sistema MP150 BIOPAC.
- São aplicados 2 protocolos experimentais.
- A primeira consiste em 3 séries de 100%, 80%, 50% da CVM (contração voluntária máxima).
- O segundo consiste em 65% do MVC.
- Este processo é continuado até à fadiga dos músculos.
- MF, TP, RMS são utilizados para o processamento de dados.

(13) Classificação de emoções humanas baseada em sinais de eletromiograma usando KNN e LDA

- 5 emoções (alegria, nojo, medo, tristeza, neutro) são induzidas através de videoclipes.
- Os sinais EMG obtidos são decompostos em 4 gamas de frequências diferentes utilizando a DWT.
- As caraterísticas estatísticas extraídas das bandas de frequência acima referidas são mapeadas em 5 emoções diferentes utilizando KNN e LDA.
- K em KNN dá a taxa de classificação mais elevada para 4 emoções (alegria, nojo, medo neutro), enquanto LDA dá o mesmo para a emoção triste.

(14) Sinais electromiográficos de superfície utilizando eléctrodos secos

- Os eléctrodos secos simplificam a implementação prática do sistema de registo EMG.
- Actividades como contracções ligeiras, contracções isométricas, saltos, caminhadas, etc., foram registadas sob a forma de sinais EMG.
- Efeito da preparação da pele.
- Os resultados obtidos foram melhores para os eléctrodos secos do que para os eléctrodos Ag/AgCl.

(15) Classificação de Sinais EMG usando Redes Neuronais Artificiais para Controlo Virtual de Próteses de Mão

- Os dispositivos protéticos virtuais reduzem o esforço mental dos pacientes durante o treino.
- A rede neural é treinada para cada conjunto de sinais EMG em estudo.
- Os sinais EMG são classificados pelas redes neurais (dividindo os vectores de entrada em 40 segmentos de amostra não sobrepostos).

- Isto dá uma exatidão de 95%.

(16) Classificação de padrões de movimento EMG através da conceção e otimização de redes neuronais

- São registados diferentes modelos ANN.
- Os sinais EMG obtidos para diferentes tipos de movimentos da mão são utilizados para extrair caraterísticas.
- Estas caraterísticas são utilizadas para treinar as RNAs.
- É utilizada uma rede neural de retropropagação com o algoritmo de treino Levenberg-Marquardt para classificar os sinais EMG.

(17) Caraterísticas de movimento das próteses do membro superior durante tarefas básicas orientadas para um objetivo

- Revelar os padrões de movimento das próteses durante acções básicas orientadas para um objetivo em utilizadores de próteses do membro superior e compará-los com os conhecimentos existentes sobre o desempenho de pessoas sem deficiência durante essas acções.
- Foram analisados os movimentos de seis utilizadores de próteses do membro superior, três participantes com uma prótese híbrida do braço e três participantes com uma prótese mioeléctrica do antebraço.
- Foram estudadas duas tarefas de preensão e uma tarefa de apontamento recíproco.
- Ao agarrar, os movimentos com ambas as próteses mostraram perfis de velocidade assimétricos do alcance e tiveram um patamar nos perfis de abertura. O alcance e a preensão foram dissociados. A cinemática com as próteses diferiu na medida em que o uso de próteses do braço exigiu mais tempo para executar os movimentos, enquanto os movimentos foram menos suaves, mais assimétricos e mostraram maior dissociação entre o alcance e a preensão.
- A tarefa de apontar mostrou, para ambas as próteses, movimentos menos harmónicos com maior dificuldade da tarefa.sssss

Printed by Books on Demand GmbH, Norderstedt / Germany